下潜！下潜！到海洋最深处

发现奇异的深海

主 编 崔维成　副主编 周昭英

故 事 李华　绘画 孙 燕 王晓宇

上海科技教育出版社

今天安娜带我们参观一个海洋艺术展。展馆内海洋主题的画作和雕塑令人赏心悦目，变幻莫测的巨幅海底光影墙营造出奇妙的海底世界，3D 艺术展区和多媒体互动游戏更是有趣生动。

是的，据统计全世界大约有300万艘海底沉船，其中许多船的沉没时间甚至可以追溯到数千年前，但是被打捞的不到1%！

这些照片中的都是沉船吗？

深海考古

我们沿着画展长廊进入另一个展厅"深海考古"，幽暗灯光下的展品显得神秘莫测。安娜告诉我们，这里的每件展品都是从深海里打捞上来的沉船物品，非常珍贵。

果然，这边展柜里好多精美的瓷器艺术品都来自沉船"黑石号"，据说它当年载着6万多件唐朝时期的中国瓷器！原本一直跟在后面东张西望的小巴瑶，此刻却静静地注视着一个角落里的展柜发呆。原来，展柜里的展品和他胸前的挂件几乎一模一样！

我们几乎是飞一样地跑到潜水池边，刚刚跳到潜水飞碟上，安娜就呼叫了海狸。

海狸立刻为我们展示了世界各地沉船残骸的分布情况，上面标记了船只名称和沉没时间。

"泰坦尼克号"沉没地点

1715年沉没的西班牙舰队

北美洲

欧洲

已经探明的海底沉船分布在世界各地，具有丰富的历史文化价值。

"奥里斯卡尼号"沉没地点

非洲

1875年沉没的"中美洲号"汽船

1550年沉没的"金羊毛号"

南美洲

1743年沉没的"路易萨公主号"

这些沉船中，还有些是海战时击沉的战舰，甚至还有被特地炸沉作为人工鱼礁的航空母舰——"奥里斯卡尼号"！在斯塔滕岛南部海岸有片船只墓地，几十条废弃船只沉没在这里，成了非常独特的海洋生物乐园！

11

"泰坦尼克号"

"泰坦尼克号"是英国白星航运公司所打造的一艘奥林匹克级邮轮，排水量大约为46 000吨，曾是世界上体积最庞大、内部设施最豪华的客运轮船，被誉为"永不沉没的巨轮"。

不幸的是，在1912年4月14日的处女航中，"泰坦尼克号"与一座冰山相撞，最后沉入大海。

大西洋　　南安普敦

纽约　沉没地点

出发！去深海探秘！

我们将潜水飞碟的目的地设定在加拿大纽芬兰附近的北大西洋海域——"泰坦尼克号"残骸的所在地。

"嗖——"出发了！

深度3810米？

飞碟旋转着进入了深深的海洋中，很快便被黑暗笼罩了。安娜打开背包，递给我们每人一副夜视眼镜。戴上眼镜后，我们竟然能看到一些样子奇特的深海鱼！

声波定位

声波定位是指动物利用环境中的声音刺激确定声源方向和距离的行为，常用于觅食，寻找幼崽、父母，躲避捕食者等。

同一声源发出的声音到达两耳时，物理特性并不完全相同，频率、强度和到达时间都有差别。

声波定位是深海动物的"超能力"。它们可以靠声波辨别方向，捕食猎物，还能相互交流信息。

声波定位？那深海鱼会迷路吗？

当然，如果声波被干扰，它们就会迷失方向。有的科学家认为这可能是一些鲸类搁浅在海滩上，甚至死亡的原因。

17

我们下潜的速度很快，还没到 3000 米的深处，我们就已经很难遇到海洋生物了。窗外是静寂的黑暗，让我们感到有些孤独。

对！万物生长靠太阳！

没有生物，简直就像深海荒漠！

知道这里为什么见不到海洋生物吗？

因为没有阳光！

深海真的是没有生命的荒漠？很快，我承认我错了！因为我们发现了许多活着的白色蛤蜊！

我揉揉眼睛，确认自己没看错，这不是海狸幻化出来安慰我们的假象。

快看！那儿有蛤蜊！

这么深的地方怎么会有蛤蜊？

是我吃过的蛤蜊！蛤蜊炖蛋！

太奇怪了！蛤蜊不是应该生活在浅海吗！

为了看得更清楚，安娜操纵飞碟向蛤蜊群靠近，我们发现蛤蜊聚集的地方像是一条海底裂缝！那是比我们的潜水器还宽很多的裂缝！

飞碟继续下潜，温度传感器开始"嘟嘟"作响，刚才还接近 0℃ 的水温突然开始持续上升！我们紧贴在窗前，更多的蛤蜊和其他生物映入我们的眼帘！

然而，没有人注意到裂缝正逐渐变窄。

突然，我们的飞碟震动了一下，停了下来！
安娜尝试操控飞碟上浮，前进后退，左右摆动，但是飞碟始终都无法动弹。我们都紧张得直冒汗。

怎么办？

洋中脊

洋中脊是海洋的"脊梁"，它纵贯太平洋、印度洋、大西洋和北冰洋，彼此相连，总长约8万千米，是地球上最长最大的山系。根据海底扩张和板块构造学说，洋中脊是洋底扩张的中心和新地壳产生的地带。熔融的岩浆从地幔中涌出，遇到冷的海水凝固成岩石，沿脊轴不断上升，新生的洋底不断地将较老的洋底推向两侧。

探险家们！需要帮忙吗？你们被卡到洋中脊的裂缝里了！洋中脊处于地壳运动活跃的地带，常常会发生地震和火山活动。

糟糕！我们的飞碟被卡住了！

海狸将一连串神秘的信息数据传送给安娜，两人交换了一下眼神，安娜开始操纵潜水器变小，很快我们的飞碟恢复了"自由"！向更深的裂谷继续进发！

现在回去多可惜！海底探秘才刚刚开始！

什么？地震！火山！

我要回家！我害怕！

飞碟又下潜了一会，安娜打开探照灯，暗夜中出现了一派奇异的景象：蒸汽腾腾，"烟囱"林立，虾、蟹、鱼等大量海洋生物穿梭其中！生机勃勃！

在海底冷泉喷口，存在以化能自养细菌为初级生产者的食物链，形成独特的生态系统，目前已经发现的冷泉生物物种超过 200 种！科学家们甚至认为这可能就是生命的起源地之一！

除了热液，海底还有冷泉！它们都是深海海底生命极度活跃的地方。冷泉是海底以天然气、石油、硫化氢等成分为主的流体溢出，并产生系列的物理、化学、生物作用而形成的。冷泉同样含有丰富的养分，可以供生物生存！

还记得给你们讲过的"鲸落"吗？热液、冷泉和鲸落被称为深海荒漠中的三大"生命绿洲"。

鲸落

可燃冰

　　可燃冰一般指天然气水合物，是由天然气和水在高压低温的条件下形成的一种结晶物质。这种物质看起来像冰，是一种有机化合物。

　　可燃冰广泛分布在一些陆地永久冻土、岛屿的斜坡地带、深海地带，以及一些内陆湖的深水环境中。2017 年 5 月 18 日，我国在南海北部神狐海域成功试开采可燃冰，这也标志着我国成为全球第一个在海域可燃冰试开采中实现连续稳定产气的国家。

北美洲　欧洲　亚洲

非洲

南美洲

大洋洲

南极洲

● 全球热液喷口位置分布　　● 全球冷泉喷口位置分布

我们近距离观察海底的时候，发现了一片奇怪的"土豆田"！要不是安娜告诉我们这些"土豆"是多金属结核，我们差点以为海底还长土豆呢！

多金属结核

多金属结核是从一个核心开始"生长"的，核心可以是贝壳、鱼齿、珊瑚片或岩屑。铁和锰等元素的氧化物和氢氧化物围绕核心呈同心圆状"生长"，就渐渐长成"土豆"了。

当然这是个很漫长的过程，可能需要上百年时间！

就是长出来的呀！多金属结核含有锰、铁、镍、铜、钴等多种金属元素，又称锰结核。

这些"土豆"是怎么形成的呢？

为什么不打捞这条船和这些东西呢?

在现在的技术条件下,人们难以打捞海底这种深度的巨型沉船残骸。"泰坦尼克号"在海底历经100多年的腐蚀,变得非常脆弱了,轻微的触碰都有可能使它破碎!

强大的洋流、盐蚀和细菌正不断"攻击"着这艘沉船。据预测,再过几十年,"泰坦尼克号"沉船残骸将永远消失在大海中。

船太大了!简直像一座山!看,那是一双靴子!还有皮箱!

　　一路上的发现和惊喜不断，让我们目不暇接！然而当披满铁锈的"泰坦尼克号"的巨大船体进入我们视野的时候，它沧桑又壮美的身姿仍令我们感到震撼！

　　为了全方位观察船的结构，飞碟再次被缩小，我们可以在巨大的"泰坦尼克号"里来回穿梭！巨型的船体里和周边海底散落着的成千上万的物件，似乎都诉说着这艘巨轮当年的故事。

那些是茶杯、托盘……还有很多酒瓶！像是葡萄酒！

图书在版编目（CIP）数据

下潜！下潜！到海洋最深处！．3，发现奇异的深海 / 崔维成主编. -- 上海:上海科技教育出版社，2021.7
ISBN 978-7-5428-7512-9

Ⅰ.①下… Ⅱ.①崔… Ⅲ.①深海-探险-少儿读物 Ⅳ.①P72-49

中国版本图书馆CIP数据核字(2021)第078407号

主　编　崔维成
副 主 编　周昭英

下潜！下潜！到海洋最深处！

发现奇异的深海

故　事　李　华
绘　画　孙　燕　王晓宇

责任编辑　顾巧燕
装帧设计　李梦雪

出版发行　上海科技教育出版社有限公司
　　　　　（上海市柳州路218号　邮政编码200235）
网　址　www.sste.com　www.ewen.co
经　销　各地新华书店
印　刷　上海昌鑫龙印务有限公司
开　本　889×1194　1/16
印　张　2
版　次　2021年7月第1版
印　次　2021年7月第1次印刷
书　号　ISBN 978-7-5428-7512-9/N·1122